3권

곱셈
실력 다지기

안녕!
내 이름은 팍타.

나는
아이제.

차 례

6단 곱셈 알기

1 개미의 다리를 세어 보세요.

개미는 다리가 6개야.
간질간질!

개미 1마리의 다리는 모두	**6**	개
개미 2마리의 다리는 모두		개
개미 3마리의 다리는 모두		개
개미 4마리의 다리는 모두		개
개미 5마리의 다리는 모두		개
개미 6마리의 다리는 모두		개

개미 7마리의 다리는 모두		개
개미 8마리의 다리는 모두		개
개미 9마리의 다리는 모두		개
개미 10마리의 다리는 모두		개
개미 11마리의 다리는 모두		개
개미 12마리의 다리는 모두		개

2 6단 곱셈을 완성하세요.

$6 \times 1 = $ **6**

$6 \times 2 = $

$6 \times 3 = $

$6 \times 4 = $

$6 \times 5 = $

$6 \times 6 = $

$6 \times 7 = $

$6 \times 8 = $

$6 \times 9 = $

$6 \times 10 = $

$6 \times 11 = $

$6 \times 12 = $

6단 곱셈은
3단 곱셈의 두 배야.

3 꿀벌이 6단 곱셈의 값이 있는 꽃에서만 꿀을 따요. 꿀벌이 꿀을 따는 꽃에 색칠하세요.

6단 곱셈의 값에서 규칙을 찾을 수 있니?

6단 곱셈의 값은 모두 짝수야.

12 74 38 36 42 18 48 72 54 64 27 56 6 24 60 66 45 9 30 22

잘했어!

칭찬 스티커를 붙이세요.

체크! 체크!
답이 6씩 커지나요? 6씩 더하면서 답이 맞는지 확인하세요.

문제를 다 푼 다음, 32쪽으로!

6단 곱셈 이용하기

기억하자!
6단 곱셈은 3단 곱셈의
두 배예요.

1 곱셈을 하여 딱정벌레와 나뭇잎을 알맞게 선으로 이어 보세요.

2 수와 관계있는 곱셈이 쓰여 있는 나비 스티커를 찾아 붙이세요.

3 관계있는 곱셈식과 나눗셈식을 선으로 이어 보세요.

기억하자!
곱셈식과 나눗셈식은
서로 관계가 있어요.
예) 6 × 1 = 6
　　6 ÷ 1 = 6

6 × 1 = 6

6 × 2 = 12

6 × 3 = 18

6 × 4 = 24

6 × 5 = 30

6 × 6 = 36

6 × 7 = 42

6 × 8 = 48

6 × 9 = 54

6 × 10 = 60

6 × 11 = 66

6 × 12 = 72

12 ÷ 2 = 6

18 ÷ 3 = 6

72 ÷ 12 = 6

30 ÷ 5 = 6

42 ÷ 7 = 6

48 ÷ 8 = 6

36 ÷ 6 = 6

54 ÷ 9 = 6

6 ÷ 1 = 6

60 ÷ 10 = 6

66 ÷ 11 = 6

24 ÷ 4 = 6

4 규칙을 찾아 빈 딱정벌레의 몸에 알맞은 수를 쓰세요.

12 → 　 → 24 → 　 → 　 → 42

42 → 　 → 　 → 60 → 　 → 　

체크! 체크!
6씩 더해서 답을 구했나요? ☐

칭찬 스티커를
붙이세요.

문제를 다 푼 다음, 32쪽으로!

7단 곱셈 알기

1 접시에 있는 사과를 모두 세어 보세요.

음!
난 사과가 좋아.

기억하자!
7씩 계속 더해 봐요.

접시 1개에 사과가 ☐ 개 있어요.

접시 2개에 사과가 ☐ 개 있어요.

접시 3개에 사과가 ☐ 개 있어요.

접시 4개에 사과가 ☐ 개 있어요.

접시 5개에 사과가 ☐ 개 있어요.

접시 6개에 사과가 ☐ 개 있어요.

접시 7개에 사과가 ☐ 개 있어요.

접시 8개에 사과가 ☐ 개 있어요.

접시 9개에 사과가 ☐ 개 있어요.

접시 10개에 사과가 ☐ 개 있어요.

접시 11개에 사과가 ☐ 개 있어요.

접시 12개에 사과가 ☐ 개 있어요.

2 7단 곱셈을 완성하세요.

7 × 1 = ☐   7 × 7 = ☐

7 × 2 = ☐   7 × 8 = ☐

7 × 3 = ☐   7 × 9 = ☐

7 × 4 = ☐   7 × 10 = ☐

7 × 5 = ☐   7 × 11 = ☐

7 × 6 = ☐   7 × 12 = ☐

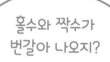

홀수와 짝수가
번갈아 나오지?

3 곱셈을 하여 점과 점을 순서대로 이어 보세요.

7 × 1
7 × 2
7 × 3
7 × 4
7 × 5
7 × 6
7 × 7
7 × 8
7 × 9
7 × 10
7 × 11
7 × 12

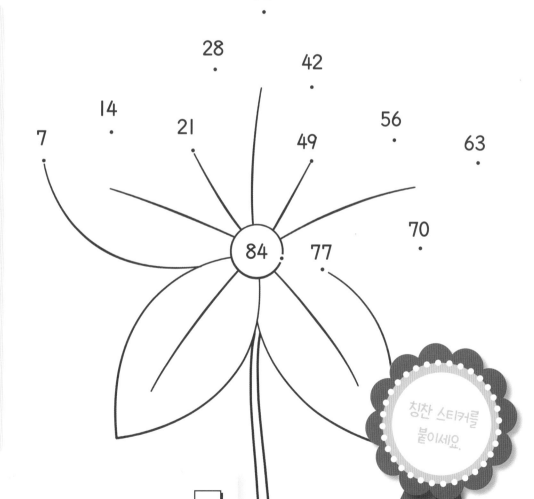

35
28   42
14   21   49   56   63
7   84   77   70

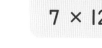

칭찬 스티커를
붙이세요.

체크! 체크!
7단 곱셈의 값을 순서대로 연결했는지 확인해 보세요.   ☐

문제를 다 푼 다음, 32쪽으로!

7단 곱셈 이용하기

1 토끼의 곱셈식과 당근의 나눗셈식을 알맞게 선으로 이어 보세요.

기억하자!
나눗셈식에서 뒤의 수부터 거꾸로 읽으면 관계있는 곱셈식을 쉽게 찾을 수 있어요.

$7 \times 1 = 7$

$7 \times 2 = 14$

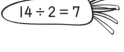

$14 \div 2 = 7$

$7 \div 1 = 7$

$7 \times 3 = 21$

$7 \times 4 = 28$

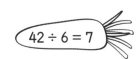

$42 \div 6 = 7$

$35 \div 5 = 7$

$7 \times 5 = 35$

$7 \times 6 = 42$

$21 \div 3 = 7$

$28 \div 4 = 7$

$7 \times 7 = 49$

$7 \times 8 = 56$

$63 \div 9 = 7$

$49 \div 7 = 7$

$7 \times 9 = 63$

$7 \times 10 = 70$

$56 \div 8 = 7$

$84 \div 12 = 7$

$7 \times 11 = 77$

$7 \times 12 = 84$

$77 \div 11 = 7$

$70 \div 10 = 7$

2 규칙을 찾아 파인애플의 빈 곳에 알맞은 수를 쓰세요.

3 수와 관계있는 곱셈 스티커를 찾아 붙이세요.

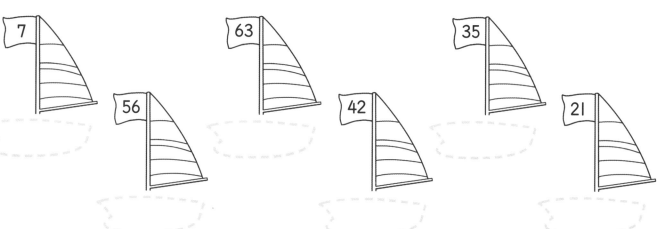

4 바른 곱셈식을 찾아 ◯표 하세요.

기억하자!
7씩 뛰어 세기를 해 보세요.

$7 \times 2 = 14$

$7 \times 4 = 28$

$7 \times 12 = 84$

$7 \times 7 = 49$

$7 \times 2 = 16$

$7 \times 6 = 52$

$7 \times 10 = 70$

$7 \times 8 = 74$

$7 \times 11 = 77$

$7 \times 9 = 83$

칭찬 스티커를 붙이세요.

체크! 체크!
7씩 더해서 답을 구했나요?

문제를 다 푼 다음, 32쪽으로!

9단 곱셈 알기

1 줄에 꿰어진 구슬을 모두 세어 보세요.

당황하지 마!
차근차근 세어 봐.

줄 1개에는 구슬이 [ ] 개 있어요.

줄 2개에는 구슬이 [ ] 개 있어요.

줄 3개에는 구슬이 [ ] 개 있어요.

줄 4개에는 구슬이 [ ] 개 있어요.

줄 5개에는 구슬이 [ ] 개 있어요.

줄 6개에는 구슬이 [ ] 개 있어요.

줄 7개에는 구슬이 [ ] 개 있어요.

줄 8개에는 구슬이 [ ] 개 있어요.

줄 9개에는 구슬이 [ ] 개 있어요.

줄 10개에는 구슬이 [ ] 개 있어요.

줄 11개에는 구슬이 [ ] 개 있어요.

줄 12개에는 구슬이 [ ] 개 있어요.

2 9단 곱셈을 완성하세요.

$9 \times 1 = \boxed{}$ $9 \times 7 = \boxed{}$

$9 \times 2 = \boxed{}$ $9 \times 8 = \boxed{}$

$9 \times 3 = \boxed{}$ $9 \times 9 = \boxed{}$

$9 \times 4 = \boxed{}$ $9 \times 10 = \boxed{}$

$9 \times 5 = \boxed{}$ $9 \times 11 = \boxed{}$

$9 \times 6 = \boxed{}$ $9 \times 12 = \boxed{}$

기억하자!
9를 계속 더해 보세요.

9단 곱셈의 값들은 일의 자리 수가 1씩 작아져. 9, 18, 27, 36, 45, 54, 63, 72, 81, 90. 그리고 계속 반복돼. 99, 108….

3 9단 곱셈의 값은 회색으로 칠하고 나머지 수는 빨간색으로 칠하세요.

9단 곱셈의 값들은 또 이런 규칙도 있어. 십의 자리 수가 1씩 커진다는 거야. 9, 18, 27, 36, 45, 54, 63, 72, 81, 90. 그리고 99가 나오고 그다음 0부터 다시 시작돼. 108, 117, 126, 135….

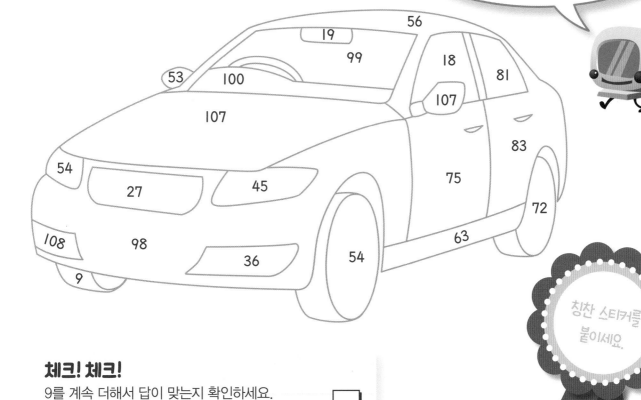

체크! 체크!
9를 계속 더해서 답이 맞는지 확인하세요.
9를 더할 때 10을 먼저 더한 다음 1을 빼도 돼요. $\square$

칭찬 스티커를 붙이세요.

문제를 다 푼 다음, 32쪽으로!

9단 곱셈 이용하기

1 9의 배수를 모두 색칠하세요.

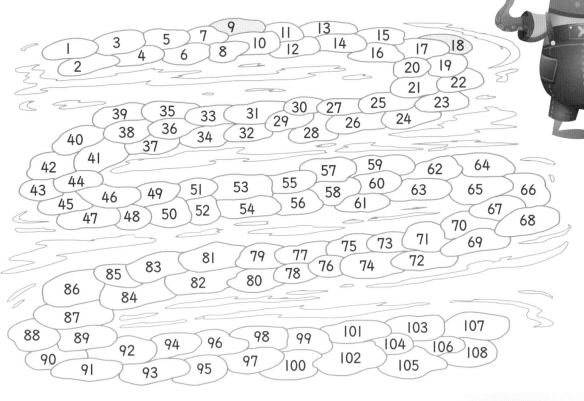

2 관계있는 식을 찾아 셔츠와 축구공을 알맞게 선으로 이어 보세요.

기억하자!
나눗셈식의 수를 뒤부터 거꾸로 읽어 보세요.

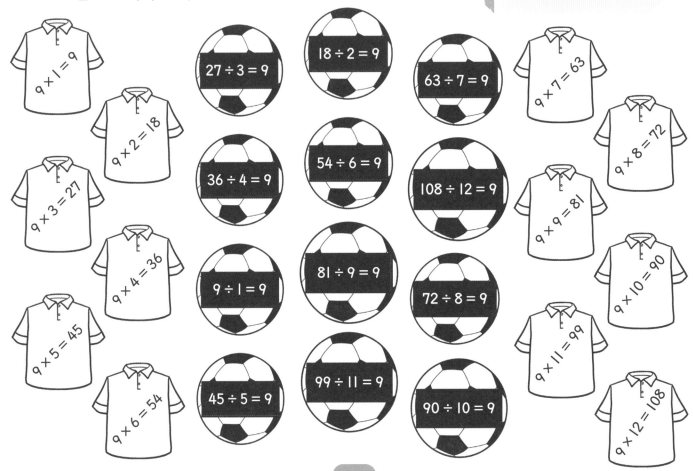

3

곱셈을 하여 암호를 풀어 보세요. 곱셈의 답에 해당하는 알파벳을 표에서 찾아
빈칸에 쓰세요.

암호			
9 × 1 = a	9 × 4 = h	9 × 7 = o	9 × 10 = t
9 × 2 = b	9 × 5 = i	9 × 8 = r	9 × 11 = f
9 × 3 = e	9 × 6 = m	9 × 9 = s	9 × 12 = g

36	63	72	81	27		72	9	90
h								

90	63	72	90	63	45	81	27

72	9	18	18	45	90

무슨
동물이 나왔니?

36	9	54	81	90	27	72

99	72	63	108		18	9	90

99	45	81	36

체크! 체크!
올바른 글자를 찾았나요? 답을 확인해 보세요. ☐

칭찬 스티커를
붙이세요.

* horse 말, rat 쥐, tortoise 거북, rabbit 토끼, hamster 햄스터, frog 개구리, bat 박쥐, fish 물고기

문제를 다 푼 다음, 32쪽으로!

11단 곱셈 알기

1 양말 1짝의 줄무늬를 세어 보세요. 그런 다음 양말에 있는 줄무늬가 모두 몇 개인지 써 보세요.

양말 1짝에는 줄무늬가 ☐ 개 있어요.

양말 2짝에는 줄무늬가 ☐ 개 있어요.

양말 3짝에는 줄무늬가 ☐ 개 있어요.

양말 4짝에는 줄무늬가 ☐ 개 있어요.

양말 5짝에는 줄무늬가 ☐ 개 있어요.

양말 6짝에는 줄무늬가 ☐ 개 있어요.

2 줄무늬가 모두 몇 개인가요? 세지 말고 알아보세요.

양말 7짝에는 줄무늬가 ☐ 개 있어요.

양말 8짝에는 줄무늬가 ☐ 개 있어요.

양말 9짝에는 줄무늬가 ☐ 개 있어요.

양말 10짝에는 줄무늬가 ☐ 개 있어요.

양말 11짝에는 줄무늬가 ☐ 개 있어요.

양말 12짝에는 줄무늬가 ☐ 개 있어요.

기억하자!
11을 계속 더하면 돼요.

11단 곱셈의 규칙을 발견했니?

3 11단 곱셈을 완성하세요.

11 × 1 = ☐   11 × 7 = ☐

11 × 2 = ☐   11 × 8 = ☐

11 × 3 = ☐   11 × 9 = ☐

11 × 4 = ☐   11 × 10 = ☐

11 × 5 = ☐   11 × 11 = ☐

11 × 6 = ☐   11 × 12 = ☐

11 × 9까지는 일의 자리와 십의 자리 숫자가 똑같아. 11, 22, 33, 44, 55, 66, 77, 88, 99.

4 11단 곱셈의 값이 있는 깃발에 색칠하세요.

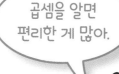

곱셈을 알면 편리한 게 많아.

11   13   22   23   33

32   44   43   53   55

66   63   77   73

83   88

99   93   110   120

121   130   131   132

칭찬 스티커를 붙이세요.

문제를 다 푼 다음, 32쪽으로!

11단 곱셈 이용하기

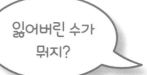

잃어버린 수가
뭐지?

1 아이제가 수를 잃어버렸어요. 11단 곱셈을 이용해
빈칸에 알맞은 수를 쓰세요.

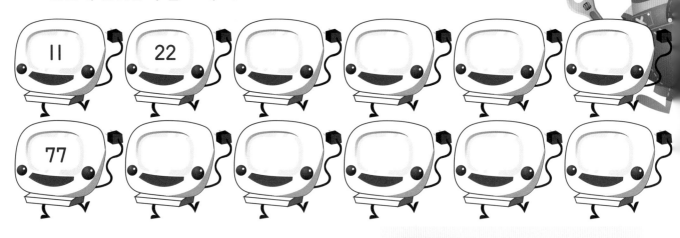

11   22

77

기억하자!

나눗셈식의 수를 뒤에서부터 거꾸로 읽으면
관계있는 곱셈식을 찾을 수 있어요.

2 아이제의 곱셈식과 관계있는 나눗셈식을
선으로 이어 보세요.

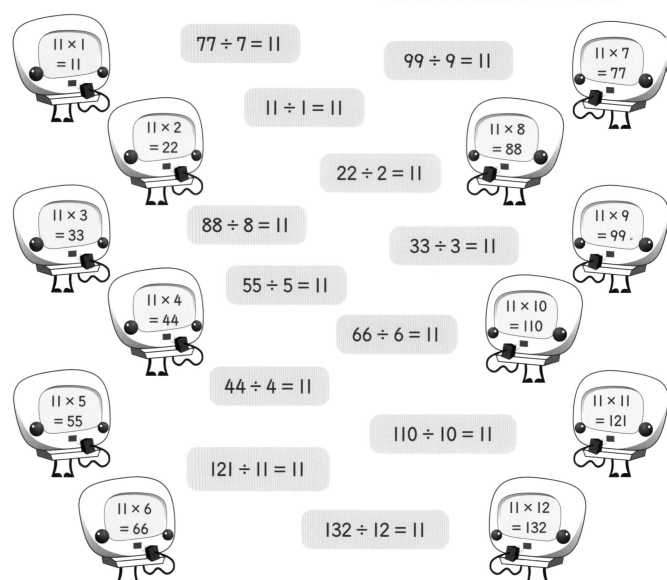

11 × 1 = 11

77 ÷ 7 = 11

99 ÷ 9 = 11

11 × 7 = 77

11 × 2 = 22

11 ÷ 1 = 11

11 × 8 = 88

22 ÷ 2 = 11

11 × 3 = 33

88 ÷ 8 = 11

33 ÷ 3 = 11

11 × 9 = 99

55 ÷ 5 = 11

11 × 4 = 44

66 ÷ 6 = 11

11 × 10 = 110

44 ÷ 4 = 11

11 × 5 = 55

110 ÷ 10 = 11

11 × 11 = 121

121 ÷ 11 = 11

11 × 6 = 66

132 ÷ 12 = 11

11 × 12 = 132

3 11단 곱셈의 값에 색칠하세요. 어떤 영어 단어가 나왔나요?

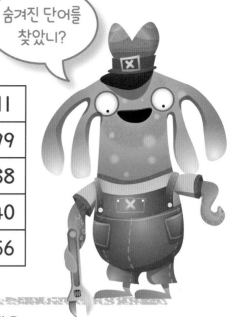

말풍선: 숨겨진 단어를 찾았니?

99	132	55	25	55	12	10	76	132	10	11
66	71	120	9	121	15	43	190	66	43	99
77	110	121	17	88	12	65	5	110	55	88
11	1	47	144	33	27	111	29	24	22	40
33	18	53	13	77	55	132	3	74	33	56

4 곱셈을 하여 암호를 풀어 보세요. 곱셈의 답에 해당하는 알파벳을
표에서 찾아 빈칸에 쓰세요.

암호			
11 × 1 = a	11 × 4 = f	11 × 7 = l	11 × 10 = t
11 × 2 = b	11 × 5 = g	11 × 8 = r	11 × 11 = u
11 × 3 = e	11 × 6 = i	11 × 9 = s	11 × 12 = y

22	121	110	110	33	88	44	77	132

22	33	33	110	77	33	99

말풍선: 어떤 곤충들이 숨어 있었니?

44	77	33	11	99

22	121	55	99

체크! 체크!
글자를 바르게 썼나요?
답을 확인해 보세요. ☐

칭찬 스티커를 붙이세요.

* butterfly 나비, beetles 딱정벌레, fleas 벼룩, bugs 벌레

문제를 다 푼 다음, 32쪽으로!

12단 곱셈 알기

1 피자에 있는 토마토의 수를 세어 보세요. 그리고 빈칸에 알맞은 수를 쓰세요.

> 음!
> 피자 너무 좋아.

피자 1개에는 토마토가 ⬜ 개 있어요.

피자 2개에는 토마토가 ⬜ 개 있어요.

피자 3개에는 토마토가 ⬜ 개 있어요.

피자 4개에는 토마토가 ⬜ 개 있어요.

피자 5개에는 토마토가 ⬜ 개 있어요.

피자 6개에는 토마토가 ⬜ 개 있어요.

2 빈칸에 알맞은 수를 쓰세요. 세지 말고 알아보세요.

피자 7개에는 토마토가 ⬜ 개 있어요.

피자 8개에는 토마토가 ⬜ 개 있어요.

피자 9개에는 토마토가 ⬜ 개 있어요.

피자 10개에는 토마토가 ⬜ 개 있어요.

피자 11개에는 토마토가 ⬜ 개 있어요.

피자 12개에는 토마토가 ⬜ 개 있어요.

기억하자!
매번 12를 더해요.

> 다음에
> 피자를 먹을 때
> 피자 토핑을 세어 봐!

3 12단 곱셈을 이용해 빈칸에 알맞은 수를 쓰세요.

12 × 1 = ☐   12 × 5 = ☐   12 × 9 = ☐

12 × 2 = ☐   12 × 6 = ☐   12 × 10 = ☐

12 × 3 = ☐   12 × 7 = ☐   12 × 11 = ☐

12 × 4 = ☐   12 × 8 = ☐   12 × 12 = ☐

4 12단 곱셈의 값에 색칠하세요.

기억하자!
12단 곱셈의 값은 6단 곱셈의
값의 두 배예요.

1	2	3	4	5	6	7	8	9	10
11	12	13	14	15	16	17	18	19	20
21	22	23	24	25	26	27	28	29	30
31	32	33	34	35	36	37	38	39	40
41	42	43	44	45	46	47	48	49	50
51	52	53	54	55	56	57	58	59	60
61	62	63	64	65	66	67	68	69	70
71	72	73	74	75	76	77	78	79	80
81	82	83	84	85	86	87	88	89	90
91	92	93	94	95	96	97	98	99	100
101	102	103	104	105	106	107	108	109	110
111	112	113	114	115	116	117	118	119	120
121	122	123	124	125	126	127	128	129	130
131	132	133	134	135	136	137	138	139	140
141	142	143	144	145	146	147	148	149	150

12단 곱셈의 값의
일의 자리 숫자를 잘 봐.
규칙이 보이니?

칭찬 스티커를
붙이세요.

체크! 체크!
답을 올바르게 찾았나요? 12를 계속 더하며 확인해 보세요. ☐

문제를 다 푼 다음, 32쪽으로!

12단 곱셈 이용하기

기억하자!
나눗셈식의 수를 뒤에서부터 거꾸로 읽어 보세요.

1 우주선의 곱셈식과 행성의 나눗셈식을 관계있는 것끼리 선으로 이어 보세요.

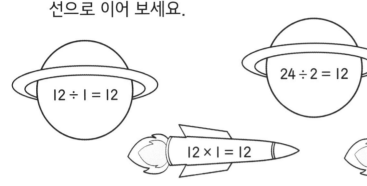

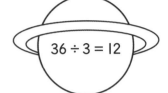

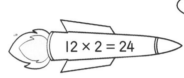

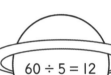

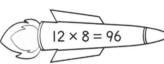

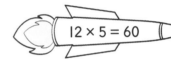

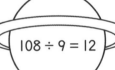

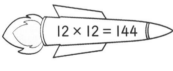

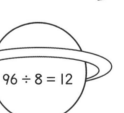

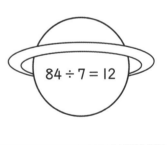

2 다음 수수께끼를 풀어 보세요. 12단 곱셈의 값 중에서 찾아보세요.

나는 15보다 작고 10보다는 커요. 나는 어떤 수일까요?

나는 28보다 작고 15보다 커요. 또 6단 곱셈의 값이고 8단 곱셈의 값이에요. 나는 어떤 수일까요?

나는 20의 두 배보다 4만큼 더 작아요. 나는 어떤 수일까요?

나는 100의 반보다 10만큼 더 커요. 나는 어떤 수일까요?

3 수의 규칙에 맞게 알맞은 스티커를 찾아 붙이세요.

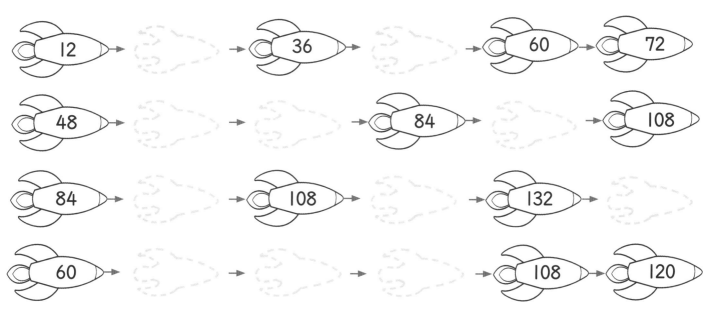

12 → □ → 36 → □ → 60 → 72

48 → □ → □ → 84 → □ → 108

84 → □ → 108 → □ → 132 → □

60 → □ → □ → □ → 108 → 120

4 곱셈을 하여 점과 점을 순서대로 이어 보세요.

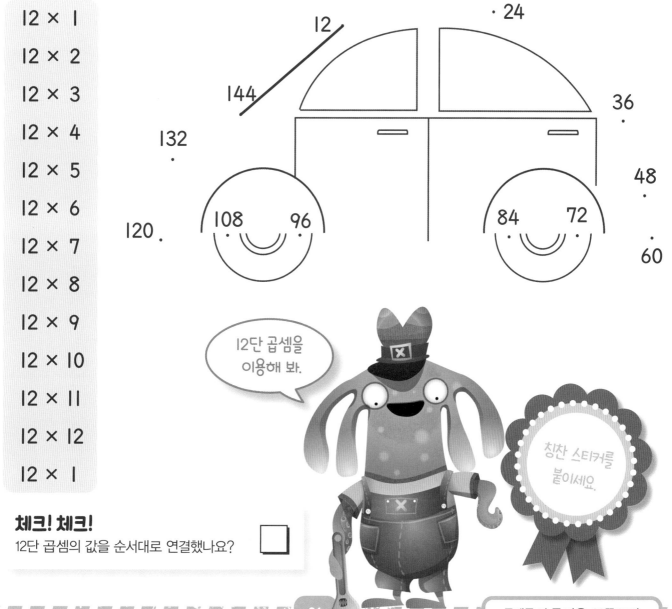

12 × 1
12 × 2
12 × 3
12 × 4
12 × 5
12 × 6
12 × 7
12 × 8
12 × 9
12 × 10
12 × 11
12 × 12
12 × 1

12
24
144
36
132
48
120
108   96
84   72
60

12단 곱셈을
이용해 봐.

칭찬 스티커를
붙이세요.

체크! 체크!
12단 곱셈의 값을 순서대로 연결했나요? □

문제를 다 푼 다음, 32쪽으로!

5단 곱셈 기억하기

기억하자!
5씩 뛰어 세어 보세요.
이것이 5단 곱셈의
값이에요.

1 5단 곱셈을 읽어 보고 똑같이 따라 써 보세요.

5 × 1 = 5		5 × 7 = 35
5 × 2 = 10		5 × 8 = 40
5 × 3 = 15		5 × 9 = 45
5 × 4 = 20		5 × 10 = 50
5 × 5 = 25		5 × 11 = 55
5 × 6 = 30		5 × 12 = 60

2 수의 규칙에 맞게 알맞은 스티커를 찾아 붙이세요.

5 → ___ → 15 → 20 → ___ → 30

___ → ___ → 30 → 35 → 40 → 45

10 → 15 → ___ → ___ → ___ → 35

35 → 40 → 45 → 50 → ___ → ___

60 → 55 → ___ → 45 → ___ → 35

35 → 30 → ___ → 20 → ___ → ___

체크! 체크!
5씩 더하거나 빼면서 답을 확인해 보세요.

10단 곱셈 기억하기

10단 곱셈을 랩으로 부르면 재밌어. 10 × 1은 10이고 10 × 2는 10의 두 배, 10 × 3은 30, 그걸로 충분해.

1 10단 곱셈을 읽어 보고 똑같이 따라 써 보세요. 알고 있는 노래에 10단 곱셈을 가사로 하여 노래도 불러 보세요.

기억하자!
10씩 뛰어 세어 보세요. 이것이 10단 곱셈의 값이에요.

10 × 1 = 10 | 10 × 1 = 10 |

10 × 2 = 20

10 × 3 = 30

10 × 4 = 40

10 × 5 = 50

10 × 6 = 60

10 × 7 = 70

10 × 8 = 80

10 × 9 = 90

10 × 10 = 100

10 × 11 = 110

10 × 12 = 120

2 10단 곱셈의 값을 찾아 아래에 표시된 대로 색칠해 보세요. 누가 나타났나요?

10 20 30 40
50 60 70 80
90 100 110 120

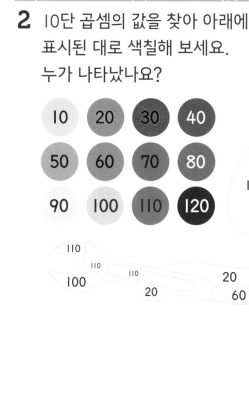

체크! 체크!
10씩 더하면서 답을 확인해 보세요. ☐

칭찬 스티커를 붙이세요.

문제를 다 푼 다음, 32쪽으로!

2단 곱셈 기억하기

기억하자!
2씩 뛰어 세어 보세요.
이게 2단 곱셈의 값이에요.

1 2씩 뛰어 세어 보세요. 거꾸로도 세어 보세요.

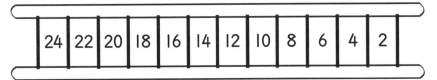

| 2 | 4 | 6 | 8 | 10 | 12 | 14 | 16 | 18 | 20 | 22 | 24 |

| 24 | 22 | 20 | 18 | 16 | 14 | 12 | 10 | 8 | 6 | 4 | 2 |

2 2단 곱셈식을 써 보세요.

$2 \times 1 = 2$

2단 곱셈은 수를 두 배 한 것과 같아.

3 곱셈식과 답을 알맞게 선으로 이어 보세요.

$2 \times 1 =$	10
$2 \times 2 =$	8
$2 \times 3 =$	12
$2 \times 4 =$	2
$2 \times 5 =$	6
$2 \times 6 =$	4

$2 \times 7 =$	24
$2 \times 8 =$	22
$2 \times 9 =$	20
$2 \times 10 =$	14
$2 \times 11 =$	16
$2 \times 12 =$	18

체크! 체크!
2씩 더하면서 답을 확인해 보세요.

4단 곱셈 기억하기

1 4단 곱셈을 읽어 보고 똑같이 따라 써 보세요.

4단 곱셈은 2단 곱셈의 두 배야.

기억하자!
4씩 뛰어 세어 보세요. 이것이 4단 곱셈의 값이에요.

4 × 1 = 4		4 × 7 = 28	
4 × 2 = 8		4 × 8 = 32	
4 × 3 = 12		4 × 9 = 36	
4 × 4 = 16		4 × 10 = 40	
4 × 5 = 20		4 × 11 = 44	
4 × 6 = 24		4 × 12 = 48	

2 4단 곱셈의 값에 색칠하여 아이제가 집에 갈 수 있게 도와주세요.

← 출발

45	43	35	38	18	10	2	1	4
46	47	41	36	32	22	5	8	7	3
50	42	40	29	28	23	27	15	12	6
	30	44	31	34	24	11	16	17	9
	48	49	37	25	33	20	13		

체크! 체크!
4씩 더하면서 답을 확인해 보세요. 2단 곱셈의 값에 두 배를 하며 답을 확인해도 돼요.

칭찬 스티커를 붙이세요.

문제를 다 푼 다음, 32쪽으로!

8단 곱셈 기억하기

1 8단 곱셈을 읽어 보고 똑같이 따라 써 보세요.

일의 자리 수가 8부터 2씩 작아져. 8, 6, 4, 2, 0. 그리고 계속 반복돼.

기억하자!
8씩 뛰어 세어 보세요.
이것이 8단 곱셈의 값이에요.
또 4단 곱셈의 값의
두 배이기도 해요.

8 × 1 = 8

8 × 2 = 16

8 × 3 = 24

8 × 4 = 32

8 × 5 = 40

8 × 6 = 48

8 × 7 = 56

8 × 8 = 64

8 × 9 = 72

8 × 10 = 80

8 × 11 = 88

8 × 12 = 96

2 8단 곱셈의 값을 순서대로 이어 보세요.

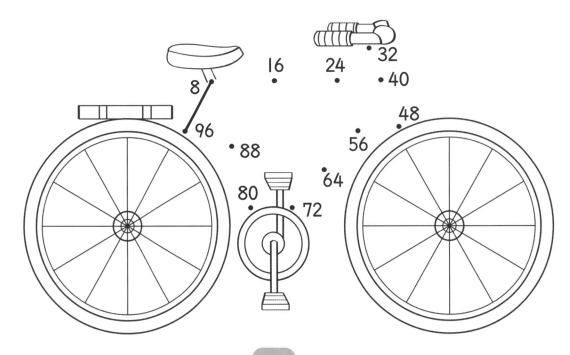

3단 곱셈 기억하기

기억하자!
3씩 뛰어 세어 보세요.
이것이 3단 곱셈의
값이에요.

1 3단 곱셈을 읽어 보세요. 리듬감 있게 노래로도 불러 보세요.

어떤 노래가 가장 좋아?

3단 곱셈과 6단 곱셈, 9단 곱셈은 서로 어떤 관계가 있을까?

3 × 1 = 3	3 × 5 = 15	3 × 9 = 27
3 × 2 = 6	3 × 6 = 18	3 × 10 = 30
3 × 3 = 9	3 × 7 = 21	3 × 11 = 33
3 × 4 = 12	3 × 8 = 24	3 × 12 = 36

2 규칙에 맞게 알맞은 스티커를 찾아 붙이세요.

3 → ( ) → 9 → 12 → ( ) → 18

( ) → ( ) → 21 → 24 → 27 → 30

12 → 15 → ( ) → ( ) → ( ) → 27

9 → 12 → 15 → 18 → ( ) → ( )

21 → 18 → ( ) → 12 → ( )

27 → 24 → ( ) → 18 → ( ) → 12

칭찬 스티커를 붙이세요.

체크! 체크!
3씩 더하거나 빼면서 답을 확인해 보세요. □

27

문제를 다 푼 다음, 32쪽으로!

곱셈 종합 (1)

1 규칙에 맞게 알맞은 스티커를 찾아 붙이세요.

왼쪽이나 오른쪽부터 시작해서 화살표 방향으로 가 봐.

기억하자!
수와 수의 차를 생각해 보면 몇 단 곱셈인지 알 수 있어요.

앞으로

| 6 | ( ) | 10 | 12 | ( ) | 16 |

뒤로

| 12 | 16 | ( ) | ( ) | | 32 |
| ( ) | ( ) | | 12 | 9 | 6 | 3 |

| 15 | 20 | 25 | 30 | ( ) | ( ) |
| 60 | 54 | ( ) | 42 | ( ) | 30 |

| 28 | 35 | ( ) | 49 | ( ) | 63 |
| 96 | 88 | ( ) | ( ) | 64 | 56 |

| 33 | 44 | ( ) | ( ) | 88 |
| 72 | 63 | 54 | ( ) | ( ) | 27 |

| 60 | 72 | ( ) | 96 | 120 |
| ( ) | ( ) | 60 | 50 | 40 |

2 나눗셈과 곱셈을 관계있는 것끼리 선으로 이어 보세요.

144 ÷ 12

9 × 8

7 × 7

30 ÷ 6

72 ÷ 8

5 × 6

12 × 12

27 ÷ 3

49 ÷ 7

9 × 3

6 × 12

72 ÷ 12

3 곱셈을 하여 암호를 풀어 보세요. 곱셈의 답에 해당하는 알파벳을 표에서 찾아 빈칸에 쓰세요.

암호						
2 = m	17 = d	27 = w	40 = n	55 = h	81 = s	110 = k
8 = j	18 = i	33 = q	42 = c	56 = y	88 = g	132 = t
12 = a	21 = p	35 = x	44 = v	60 = o	96 = u	
16 = b	24 = l	36 = e	48 = r	64 = f	99 = z	

암호를 풀면 운동 종목이 나와.

12 × 11   4 × 9   10 × 4   5 × 8   3 × 6   9 × 9

☐ ☐ ☐ ☐ ☐ ☐

5 × 11   6 × 10   6 × 7   11 × 10   9 × 4   7 × 8

☐ ☐ ☐ ☐ ☐ ☐

8 × 8   5 × 12   10 × 6   11 × 12   2 × 8   6 × 2   2 × 12   3 × 8

☐ ☐ ☐ ☐ ☐ ☐ ☐ ☐

6 × 7   6 × 8   2 × 9   7 × 6   10 × 11   3 × 12   11 × 12

☐ ☐ ☐ ☐ ☐ ☐ ☐

12 × 4   12 × 8   11 × 8   4 × 4   8 × 7

☐ ☐ ☐ ☐ ☐

체크! 체크!
답을 잘 찾았나요?
부족한 부분이 있으면 책을 다시 보세요. ☐

칭찬 스티커를 붙이세요.

* tennis 테니스, hockey 하키, football 축구, cricket 크리켓, rugby 럭비

문제를 다 푼 다음, 32쪽으로!

곱셈 종합(2)

1 빈칸에 알맞은 수를 쓰고 모든 곱셈을 연습해 보세요.

$2 \times 1 =$	$2 \times 2 =$	$2 \times 3 =$	$2 \times 4 =$	$2 \times 5 =$	$2 \times 6 =$
$2 \times 7 =$	$2 \times 8 =$	$2 \times 9 =$	$2 \times 10 =$	$2 \times 11 =$	$2 \times 12 =$

$3 \times 1 =$	$3 \times 2 =$	$3 \times 3 =$	$3 \times 4 =$	$3 \times 5 =$	$3 \times 6 =$
$3 \times 7 =$	$3 \times 8 =$	$3 \times 9 =$	$3 \times 10 =$	$3 \times 11 =$	$3 \times 12 =$

$4 \times 1 =$	$4 \times 2 =$	$4 \times 3 =$	$4 \times 4 =$	$4 \times 5 =$	$4 \times 6 =$
$4 \times 7 =$	$4 \times 8 =$	$4 \times 9 =$	$4 \times 10 =$	$4 \times 11 =$	$4 \times 12 =$

$5 \times 1 =$	$5 \times 2 =$	$5 \times 3 =$	$5 \times 4 =$	$5 \times 5 =$	$5 \times 6 =$
$5 \times 7 =$	$5 \times 8 =$	$5 \times 9 =$	$5 \times 10 =$	$5 \times 11 =$	$5 \times 12 =$

$6 \times 1 =$	$6 \times 2 =$	$6 \times 3 =$	$6 \times 4 =$	$6 \times 5 =$	$6 \times 6 =$
$6 \times 7 =$	$6 \times 8 =$	$6 \times 9 =$	$6 \times 10 =$	$6 \times 11 =$	$6 \times 12 =$

나는 곱셈을 여러 번 읽고 써 봤어. 그랬더니 잘 기억할 수 있게 되었어.

7 × 1 =	7 × 2 =	7 × 3 =	7 × 4 =	7 × 5 =	7 × 6 =
7 × 7 =	7 × 8 =	7 × 9 =	7 × 10 =	7 × 11 =	7 × 12 =

8 × 1 =	8 × 2 =	8 × 3 =	8 × 4 =	8 × 5 =	8 × 6 =
8 × 7 =	8 × 8 =	8 × 9 =	8 × 10 =	8 × 11 =	8 × 12 =

9 × 1 =	9 × 2 =	9 × 3 =	9 × 4 =	9 × 5 =	9 × 6 =
9 × 7 =	9 × 8 =	9 × 9 =	9 × 10 =	9 × 11 =	9 × 12 =

10 × 1 =	10 × 2 =	10 × 3 =	10 × 4 =	10 × 5 =	10 × 6 =
10 × 7 =	10 × 8 =	10 × 9 =	10 × 10 =	10 × 11 =	10 × 12 =

11 × 1 =	11 × 2 =	11 × 3 =	11 × 4 =	11 × 5 =	11 × 6 =
11 × 7 =	11 × 8 =	11 × 9 =	11 × 10 =	11 × 11 =	11 × 12 =

12 × 1 =	12 × 2 =	12 × 3 =	12 × 4 =	12 × 5 =	12 × 6 =
12 × 7 =	12 × 8 =	12 × 9 =	12 × 10 =	12 × 11 =	12 × 12 =

나는 노래로 불렀더니 기억이 잘되었어.

칭찬 스티커를 붙이세요.

문제를 다 푼 다음, 32쪽으로!

나의 실력 점검표

얼굴에 색칠하세요.

쪽	나의 실력은?	스스로 점검해요!		
2~3	6단 곱셈을 할 수 있어요.	😊	😐	🙁
4~5	6단 곱셈을 이용할 수 있어요.	😊	😐	🙁
6~7	7단 곱셈을 할 수 있어요.	😊	😐	🙁
8~9	7단 곱셈을 이용할 수 있어요.	😊	😐	🙁
10~11	9단 곱셈을 할 수 있어요.	😊	😐	🙁
12~13	9단 곱셈을 이용할 수 있어요.	😊	😐	🙁
14~15	11단 곱셈을 할 수 있어요.	😊	😐	🙁
16~17	11단 곱셈을 이용할 수 있어요.	😊	😐	🙁
18~19	12단 곱셈을 할 수 있어요.	😊	😐	🙁
20~21	12단 곱셈을 이용할 수 있어요.	😊	😐	🙁
22~23	5단, 10단 곱셈을 기억할 수 있어요.	😊	😐	🙁
24~25	2단, 4단 곱셈을 기억할 수 있어요.	😊	😐	🙁
26~27	8단, 3단 곱셈을 기억할 수 있어요.	😊	😐	🙁
28~29	모든 곱셈을 이용할 수 있어요.	😊	😐	🙁
30~31	모든 곱셈을 기억할 수 있어요.	😊	😐	🙁

너는 어때?

정답

2~3쪽

1. 12, 18, 24, 30, 36, 42, 48, 54, 60, 66, 72

2. 12, 18, 24, 30, 36, 42, 48, 54, 60, 66, 72

3.

4~5쪽

1. 6, 12, 18, 24, 30, 36, 42, 48, 54, 60, 66, 72

2. 6 × 1, 6 × 12, 6 × 8, 6 × 9, 6 × 3, 6 × 4
6 × 2, 6 × 5, 6 × 7, 6 × 6, 6 × 11, 6 × 10

3. 6 × 2 = 12 → 12 ÷ 2 = 6
6 × 3 = 18 → 18 ÷ 3 = 6
6 × 4 = 24 → 24 ÷ 4 = 6
6 × 5 = 30 → 30 ÷ 5 = 6
6 × 6 = 36 → 36 ÷ 6 = 6
6 × 7 = 42 → 42 ÷ 7 = 6
6 × 8 = 48 → 48 ÷ 8 = 6
6 × 9 = 54 → 54 ÷ 9 = 6
6 × 10 = 60 → 60 ÷ 10 = 6
6 × 11 = 66 → 66 ÷ 11 = 6
6 × 12 = 72 → 72 ÷ 12 = 6

4. 18, 30, 36
48, 54, 66, 72

6~7쪽

1. 7, 14, 21, 28, 35, 42, 49, 56, 63, 70, 77, 84

2. 7, 14, 21, 28, 35, 42, 49, 56, 63, 70, 77, 84

3.

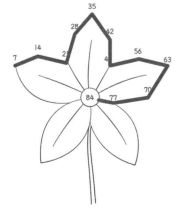

8~9쪽

1. 7 × 2 = 14 → 14 ÷ 2 = 7
7 × 3 = 21 → 21 ÷ 3 = 7
7 × 4 = 28 → 28 ÷ 4 = 7
7 × 5 = 35 → 35 ÷ 5 = 7
7 × 6 = 42 → 42 ÷ 6 = 7
7 × 7 = 49 → 49 ÷ 7 = 7
7 × 8 = 56 → 56 ÷ 8 = 7
7 × 9 = 63 → 63 ÷ 9 = 7
7 × 10 = 70 → 70 ÷ 10 = 7
7 × 11 = 77 → 77 ÷ 11 = 7
7 × 12 = 84 → 84 ÷ 12 = 7

2. 14, 28, 35, 42
56, 63, 77, 84

3. 7 × 1, 7 × 8, 7 × 9, 7 × 6, 7 × 5, 7 × 3

4. 7 × 2 = 14, 7 × 4 = 28,
7 × 7 = 49, 7 × 10 = 70,
7 × 11 = 77, 7 × 12 = 84

10~11쪽

1. 9, 18, 27, 36, 45, 54, 63, 72, 81, 90, 99, 108

2. 9, 18, 27, 36, 45, 54, 63, 72, 81, 90, 99, 108

3.

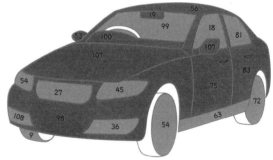

12~13쪽

1.

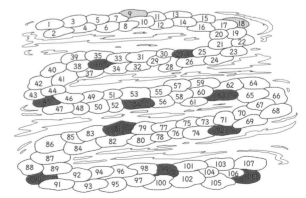

2. 9 × 1 = 9 → 9 ÷ 1 = 9
9 × 2 = 18 → 18 ÷ 2 = 9
9 × 3 = 27 → 27 ÷ 3 = 9

$9 \times 4 = 36 \to 36 \div 4 = 9$
$9 \times 5 = 45 \to 45 \div 5 = 9$
$9 \times 6 = 54 \to 54 \div 6 = 9$
$9 \times 7 = 63 \to 63 \div 7 = 9$
$9 \times 8 = 72 \to 72 \div 8 = 9$
$9 \times 9 = 81 \to 81 \div 9 = 9$
$9 \times 10 = 90 \to 90 \div 10 = 9$
$9 \times 11 = 99 \to 99 \div 11 = 9$
$9 \times 12 = 108 \to 108 \div 12 = 9$

3. horse, rat, tortoise, rabbit, hamster, frog, bat, fish

14~15쪽

1. 11, 22, 33, 44, 55, 66
2. 77, 88, 99, 110, 121, 132
3. 11, 22, 33, 44, 55, 66, 77, 88, 99, 110, 121, 132
4.

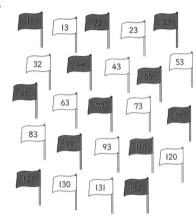

16~17쪽

1. 33, 44, 55, 66
   88, 99, 110, 121, 132
2. $11 \times 1 = 11 \to 11 \div 1 = 11$
   $11 \times 2 = 22 \to 22 \div 2 = 11$
   $11 \times 3 = 33 \to 33 \div 3 = 11$
   $11 \times 4 = 44 \to 44 \div 4 = 11$
   $11 \times 5 = 55 \to 55 \div 5 = 11$
   $11 \times 6 = 66 \to 66 \div 6 = 11$
   $11 \times 7 = 77 \to 77 \div 7 = 11$
   $11 \times 8 = 88 \to 88 \div 8 = 11$
   $11 \times 9 = 99 \to 99 \div 9 = 11$
   $11 \times 10 = 110 \to 110 \div 10 = 11$
   $11 \times 11 = 121 \to 121 \div 11 = 11$
   $11 \times 12 = 132 \to 132 \div 12 = 11$
3. FLY

99	132	55	25	55	12	10	76	132	10	11
66	71	120	9	121	15	43	190	66	43	99
77	110	121	17	88	12	65	5	110	55	88
11	1	47	144	33	27	111	29	24	22	40
33	18	53	13	77	55	132	3	74	43	56

4. butterfly, beetles, fleas, bugs

18~19쪽

1. 12, 24, 36, 48, 60, 72
2. 84, 96, 108, 120, 132, 144
3. 12, 24, 36, 48, 60, 72, 84, 96, 108, 120, 132, 144
4.

1	2	3	4	5	6	7	8	9	10
11	12	13	14	15	16	17	18	19	20
21	22	23	24	25	26	27	28	29	30
31	32	33	34	35	36	37	38	39	40
41	42	43	44	45	46	47	48	49	50
51	52	53	54	55	56	57	58	59	60
61	62	63	64	65	66	67	68	69	70
71	72	73	74	75	76	77	78	79	80
81	82	83	84	85	86	87	88	89	90
91	92	93	94	95	96	97	98	99	100
101	102	103	104	105	106	107	108	109	110
111	112	113	114	115	116	117	118	119	120
121	122	123	124	125	126	127	128	129	130
131	132	133	134	135	136	137	138	139	140
141	142	143	144	145	146	147	148	149	150

20~21쪽

1. $12 \times 1 = 12 \to 12 \div 1 = 12$
   $12 \times 2 = 24 \to 24 \div 2 = 12$
   $12 \times 3 = 36 \to 36 \div 3 = 12$
   $12 \times 4 = 48 \to 48 \div 4 = 12$
   $12 \times 5 = 60 \to 60 \div 5 = 12$
   $12 \times 6 = 72 \to 72 \div 6 = 12$
   $12 \times 7 = 84 \to 84 \div 7 = 12$
   $12 \times 8 = 96 \to 96 \div 8 = 12$
   $12 \times 9 = 108 \to 108 \div 9 = 12$
   $12 \times 10 = 120 \to 120 \div 10 = 12$
   $12 \times 11 = 132 \to 132 \div 11 = 12$
   $12 \times 12 = 144 \to 144 \div 12 = 12$
2. 12, 24, 36, 60
3. 24, 48
   60, 72, 96
   96, 120, 144
   72, 84, 96
4.

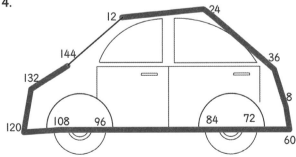

22쪽

1. 5단 곱셈을 바르게 쓰세요.
2. 10, 25
   20, 25

20, 25, 30
55, 60
50, 40
25, 15, 10

23쪽

1. 10단 곱셈을 바르게 쓰세요.
2.

24쪽

1. 2씩 바로, 거꾸로 바르게 뛰어 세어 보세요.
2. 2단 곱셈을 바르게 쓰세요.
3. 2 × 1 = 2, 2 × 2 = 4, 2 × 3 = 6,
   2 × 4 = 8, 2 × 5 = 10, 2 × 6 = 12,
   2 × 7 = 14, 2 × 8 = 16 , 2 × 9 = 18,
   2 × 10 = 20, 2 × 11 = 22, 2 × 12 = 24

25쪽

1. 4단 곱셈을 바르게 쓰세요.
2.

							4
	36	32			8		
	40		28			12	
	44		24		16		
48				20			

26쪽

1. 8단 곱셈을 바르게 쓰세요.
2.

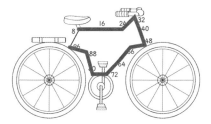

27쪽

1. 3단 곱셈을 읽어 보세요.
2. 6, 15
   15, 18
   18, 21, 24
   21, 24
   15, 9, 6
   21, 15

28~29쪽

1. 앞으로　　　　　　　뒤로
   8, 14　　　　　　　15, 18
   20, 24, 28　　　　　36, 48
   35, 40　　　　　　　72, 80
   42, 56　　　　　　　36, 45
   55, 66, 77　　　　　70, 80, 90
   84, 108
2. 144 ÷ 12 → 12 × 12
   72 ÷ 8 → 9 × 8
   49 ÷ 7 → 7 × 7
   30 ÷ 6 → 5 × 6
   27 ÷ 3 → 9 × 3
   72 ÷ 12 → 6 × 12
3. tennis, hockey, football, cricket, rugby

30~31쪽

1. 2단~12단 곱셈을 바르게 쓰세요.

런런 옥스퍼드 수학

5-3 곱셈 실력 다지기

초판 1쇄 발행 2022년 12월 6일

글·그림 옥스퍼드 대학교 출판부 **옮김** 상상오름

발행인 이재진 **편집장** 안경숙 **편집 관리** 윤정원 **편집 및 디자인** 상상오름

마케팅 정지운, 김미정, 신희용, 박현아, 박소현 **국제업무** 장민경, 오지나 **제작** 신홍섭

펴낸곳 (주)웅진씽크빅

주소 경기도 파주시 회동길 20 (우)10881

문의 031)956-7403(편집), 02)3670-1191, 031)956-7065, 7069(마케팅)

홈페이지 www.wjjunior.co.kr **블로그** wj_junior.blog.me **페이스북** facebook.com/wjbook

트위터 @wjbooks **인스타그램** @woongjin_junior

출판신고 1980년 3월 29일 제406-2007-00046호

원제 PROGRESS WITH OXFORD: MATH

한국어판 출판권 ©(주)웅진씽크빅, 2022 **제조국** 대한민국

잘못 만들어진 책은 바꾸어 드립니다.

주의 1. 책 모서리가 날카로워 다칠 수 있으니 사람을 향해 던지거나 떨어뜨리지 마십시오.

2. 보관 시 직사광선이나 습기 찬 곳은 피해 주십시오.